全能家居创意提案

整理收纳

庄新燕　等编著

机械工业出版社
CHINA MACHINE PRESS

本书以客厅、餐厅、厨房、卫浴间、玄关以及局部空间的收纳为切入点，将这些生活区根据居住者的日常生活习惯与需求做出合理分区，对空间进行模块化处理后，再进行整理收纳，使每一件物品都处于分类归放、容易拿取的理想状态。本书精选了167个收纳创意，让读者能够从中得到借鉴与启发，全面化解收纳难题，实现收纳的理想化。浅显易懂的内容搭配精美的线上视频，让更多人能在整理收纳中获得生活乐趣。本书适合家装设计师和装修家庭成员阅读使用。

图书在版编目（CIP）数据

全能家居创意提案. 整理收纳 / 庄新燕等编著. —北京：
机械工业出版社，2022.6
ISBN 978-7-111-71168-1

Ⅰ.①全… Ⅱ.①庄… Ⅲ.①住宅－室内装饰设计
Ⅳ.①TU241

中国版本图书馆CIP数据核字(2022)第117778号

机械工业出版社（北京市百万庄大街22号　邮政编码 100037）
策划编辑：宋晓磊　责任编辑：宋晓磊　李宣敏
责任校对：刘时光　封面设计：鞠　杨
责任印制：张　博
北京利丰雅高长城印刷有限公司印刷

2022年9月第1版第1次印刷
184mm×260mm・7印张・128千字
标准书号：ISBN 978-7-111-71168-1
定价：49.00元

电话服务　　　　　　　网络服务
客服电话:010-88361066　机 工 官 网: www.cmpbook.com
　　　　010-88379833　机 工 官 博: weibo.com/cmp1952
　　　　010-68326294　金 书 网: www.golden-book.com
封底无防伪标均为盗版　机工教育服务网: www.cmpedu.com

前 言

这是一套能够激发设计灵感,引导读者落实设计想法的家居书。

如今,家居创意在讲求实用性的同时更注重品位,也更加关注居住空间的精神需求和艺术价值。本套丛书共有3册,从国人的生活习惯出发,以家庭装修中的居室配色、空间规划、整理收纳为三大重点,以简洁的文字搭配大量精美案例,并附带掌上阅读视频,打破传统图书阅读的局限性,呈现不一样的家居创意设计,为读者全方位地解读家居细节的搭配技巧。

简化知识点,浅显易懂,是本套丛书的亮点之一。本书汇集了167个经典的整理收纳创意,由浅入深地阐述了一些实用的收纳技巧。让更多人了解收纳并不是一件苦差事,整理物品也是在整理心情,也是与家人分享生活经验、沟通情感、建立良好习惯的一个过程。本书在收纳技巧方面的内容十分丰富,针对不同类型的房间进行收纳规划解析,其中包括客厅、餐厅、厨房、卫浴间、玄关及局部空间,这些空间往往是居家收纳的重点,从家具的挑选、物品的摆放到格局的利用,详细讲解了如何解决收纳难题,让读者在家居收纳规划时能对症下药。

参加本套丛书编写的有庄新燕、许海峰、何义玲、何志荣、廖四清、刘永庆、姚姣平、郭胜、葛晓迎、王凤波、常红梅、张明、张金平、张海龙、张淼、郇春元、许海燕、刘琳、史樊兵、史樊英、吕源、吕荣娇、吕冬英、柳燕。

目 录

第1章
客厅的收纳创意

客厅是家居生活的重要场所，客厅的收纳规
划可以从隔断、墙面、家具做起，完美的收
纳可以让客厅干净、整洁，能让居住者感到
舒适，也能给客人留下好印象。

掌 上 阅 读
待 客 区 收 纳

待客区的整理收纳
墙面 + 家具

　　客厅中沙发附近的空间使用率较高，可以考虑将沙发墙改造成封闭的柜体、装饰搁板或造型别致的格子；也可以利用茶几、边几等成品家具来满足收纳需求；抑或是在沙发两侧摆放可移动的置物架，用来放置一些经常翻阅的书籍、喜爱的花草等，这样既能保证空间的整洁性，又能让空间视觉效果得到美化。

「A」搁板上收藏的CD，彰显了主人品位。

「B」壁龛上摆放几本书，拿取方便，便于阅读。

「C」经常使用的小工具也可以放置在搁板上。

Idea 001

利用墙体厚度满足收纳需求

沙发的转角处，利用墙体的厚度打造了壁龛，兼顾了待客区域的收纳与装饰，可以用来放置一些生活常用品，拿取也十分方便。

Idea 002

错落的收纳柜让空间层次感十足

整个沙发墙都被设计成用于收纳的柜体，开放式的格子高低错落，能够弱化高柜的压迫感。

Idea 003

营造空间平衡感的收纳

因为空间不大，收纳柜不直通顶棚，这样的设计兼顾了小空间的平衡感与收纳功能。

「A」分类整齐摆放的图书提升视觉舒适感。

「B」仿古的工艺品具有很好的装饰作用。

004-1

「A」饰品的摆放触手可及，方便日常把玩与鉴赏。

「B」墙体结构被隐藏在柜体中。

Idea 004

舒适的收纳，打造整洁的生活空间

沙发两侧的收纳柜解决了生活用品摆放凌乱的问题，把最舒适的位置留给收纳，是打造整洁生活空间的开始。

004-2

005

Idea 005

客厅中的书籍收纳提升生活品质

沙发墙整体被打造成收纳书柜，解决了书册收纳的同时，也营造出有品位的生活空间。

「A」小件物品可以用纸质收纳箱来存放。

「B」瓷质饰品可以放在比平行视线稍高的位置。

「C」零散物件收纳在抽屉中时可以利用抽屉分装格完成收纳。

006

Idea 006

以书房为背景的客厅收纳

沙发后是书桌与书柜，整齐的收纳规划让开放式的空间不显凌乱，同时也让待客、收纳、阅读可以互不影响。

「A」这样的封闭柜体可以收纳闲置物品。

「B」开放的搁板是用来展示生活的"小窗口"。

007

「A」工艺品的展示。

「B」绿植可以净化空气，也可装饰墙面。

「C」书籍整齐摆放可以提升视觉效果的整洁度。

Idea 007

治愈系的原木展示架

原木色的展示架是客厅装饰的最大亮点，不同格子置放不同类的饰品，便于日常拿取。展示架的装饰效果也十分不错。

008

Idea 008

层板展示、柜体收藏

开放的层板与封闭的柜体组合形成的收纳系统，上方可以展示、收纳一些书籍、饰品、相册等，下方则可以用来收藏一些闲置物品，这样的规划方式呈现的视觉效果整齐有序。

「A」分格摆放的饰品，让物品的收纳与展示拥有固定位置，为空间的装饰效果增添了"韵律感"。

「B」封闭柜体里设置抽屉可使闲置物品摆放更有序。

收纳抽屉

〔A〕花瓶是营造客厅自然氛围的关键。

〔B〕茶几下层是放置杂志或遥控器等常用小物品的最佳选择。

009

〔A〕茶具与花艺使居室的装饰效果更典雅。

〔B〕茶几下方可用来放置茶叶，拿取方便。

〔C〕封闭的抽屉可以用来放置小件物品。

010

Idea **009**

双层茶几满足收纳与装饰的双重需求

茶几的上层可用于摆放茶具或果品，也可以用来摆放一些花艺及饰品，下层则可以用来放置遥控器或日常读物，实现一物多用的双重需求。

Idea **010**

利用茶几的结构实现随手收纳

抽屉式茶几可以收放一些经常使用的小工具，实现随手收纳，提升居室空间的整洁度。

011

[A] 水果、茶具是茶几上层的主角。

[B] 分格处可以按生活习惯摆放物品，也可以借助收纳篮、筐、箱来收纳小物品。

Idea **011**

小茶几的分类收纳

沙发前放置了一个带有分类收纳功能的木质茶几，物品可按需收纳，既整洁又方便。

Idea **012**

提升生活品质的装饰性收纳

茶几、边几的运用可实现客厅的装饰性收纳，用来摆放业主精心挑选的台灯、饰品，是提升生活品质的好创意。

[A] 茶几下方整齐摆放的劈柴，成为室内亮眼的装饰。

[B] 边几上层的灯饰是营造氛围的利器。

[C] 边几下层空间可以用来收纳杂志，方便日常翻阅。

012-1

012-2

角落需要一个置物架

在沙发一角放置一个置物架，让家居装饰没有"盲区"，还能为客厅增添书房功能。

「A」用一幅装饰画点缀留白的墙面，提升装饰效果。

「B」常用的文件或经常阅读的书籍，宜收纳在随手可及的位置。

「A」把喜爱的小物件展示在留白的墙面上，让生活充满乐趣。

「B」利用置物架的分格刚好可将图书分类摆放，需要时可以快速拿取。

014

充分利用留白，让收纳成为装饰亮点

留白的墙面可以用来定制收纳搁架，用来摆放一些心爱的小物件，这可在实现收藏愿望的同时，还能成为客厅中最亮眼的装饰元素。

+2

观影区的整理收纳

装饰性收纳 + 功能性收纳 + 隐形收纳

　　小户型居室中的观影区通常是指电视墙及其周围的区域，一个电视，一个电视柜就构成了小户型的休闲空间。如果想在收纳上做些规划，可以在电视墙的设计中做些改变，如做一体化的电视墙组合柜、简约的搁板、成品家具等，都能在兼顾娱乐功能的同时让空间拥有收纳功能。

「A」精致的工艺品，放在高处，安全美观。

「B」收纳盘里摆放着一些日常用品，拿取方便。

Idea 015

放弃复杂的造型，放大空间感

利用墙体结构打造的收纳搁板，不做复杂的造型处理，反而能在视觉上有放大空间的效果，简洁大方，让收纳物品来装点空间，化收纳为装饰，是一种比较实用的做法。

016

Idea 016

有藏有露，收纳更得体

充分强调实用性与装饰性的黄金比例，可以让电视墙看起来更加整洁、美观。在虚实结合的收纳规划中整体的藏与露比例约为八分藏、两分露。

「A」隐形柜门更有整体感。

「B」格子能实现物品分区，一目了然的收纳显得整齐有序。

017

Idea 017

具有合理性与装饰性的分区收纳

成品家具布置电视墙，应根据收纳需求进行选择，开放式的空间可用作展示或收纳一些饰品及常用物品；封闭的柜体可用来收藏小件物品或各种用于观影的数据线。

「A」装饰元素的摆放十分考究，将收纳化成一种艺术。

「B」电视柜可以收纳一些音响设备，让客厅看起来更整洁。

「A」搁板上放置花草等装饰物品可美化居室环境。

「B」分格的电视柜可以实现电器等设备的分区收纳。

「C」用一些收纳盒满足临时收纳的需要，使空间美观整洁。

Idea **018**

小搁板的收纳不影响整体格调

简约风格的电视墙，在不影响整体风格的基础上，可以考虑在墙面设置小型搁板来实现收纳，搁板的样式应简洁、利落。

Idea **019**

隐形收纳成为室内最佳的收纳空间

整墙规划的收纳柜不仅保证了客厅的整洁度，其大体量的设计也使开放式空间更具整体感，不必另设间隔，就能同时满足两个区域的收纳需求。

「A」用于展示的开放格子，物品摆放尽量整齐。

「B」抽屉永远是收纳小件物品的"理想之地"。

「A」公共区域可以根据实际需求分类收纳物品。

「B」封闭区域可以收纳大件物品或闲置物品。

Idea 020

集成式收纳，让收纳实现分类

集成式的柜体不仅有很好的整体感与美观度，其超大的收纳空间也是居室整洁的最佳保障，抽屉、搁板及柜子可以实现收纳分类。

Idea 021

利用定制家具实现收纳的分门别类

根据需要收纳的物品，对家具进行量身定制，这样的规划可以使物品被分类、分区收纳。

「A」根据物品大小进行合理收纳，存放时还可根据使用频率选择合适位置。

「B」展示台面上的物品摆放尽量整齐，可按颜色、尺寸进行分类。

022-1

022-2

上下结合的柜体，让收纳符合生活习惯

整面电视墙都设计成收纳柜，其上下分离的设计，是一种比较合理、实用的规划方式。

「A」开放式的搁板上可以摆放一些有特色的物品，以展现业主的个性与品位。

「B」封闭空间的收纳最好搭配收纳箱以及说明标签，以实现柜体内的分类收纳。方便找寻物品，提高收纳效率。

透明收纳箱

「A」将搁板上的物品进行简单分类，可提升空间的整洁度与美感。

「B」柜子里收纳的物品可以根据使用频率归放，使用频率高的可放在上层，并结合收纳箱且粘贴上物品名称，需要时就能快速找到物品。

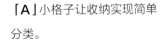

粘贴标签

「A」小格子让收纳实现简单分类。

「B」抽屉中依靠抽屉分装格实现小件物品的分类存放。

大小可调

023

024

Idea **023**

落地柜装饰墙面，满足更多收纳需求

整面电视墙设置了一排落地柜，不占据活动空间，白色柜体极具轻盈感，开放式与封闭式的组合，兼备了实用性和美感，拿取物品也十分方便。

Idea **024**

小空间的收纳以区域功能为首

电视下方设置了小型电视柜，满足了基本的收纳需求，这样简单的收纳规划可以兼顾空间的动线与美感。

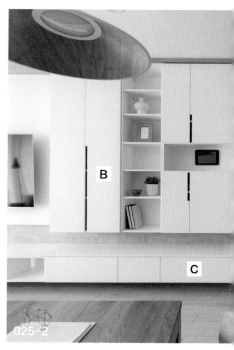

Idea 025

多功能收纳，增添生活乐趣的规划

电视墙的一侧设置成跳猫台，为萌宠提供活动空间，也能增添生活乐趣，结合白色收纳柜简约的样式设计，整体装饰效果在视觉上显得利落、简约。

「A」跳猫台。

「B」高柜适合收纳一些大件物品。

「C」抽屉适合收纳小件工具。

Idea 026

收纳柜也能带来视觉延伸感

通顶的收纳柜在视觉上有向上的延伸感，其丰富的分格也可以满足不同体积物品的收纳。

027-1

027-2

Idea 027

利用成品柜来满足收纳与装饰的双重需求

一组高颜值的成品柜装饰空间,其多个分层可以满足不同需求的收纳,同时,美观大气的外形本身就是一件很好的装饰品。

「A」图书按颜色或类别进行摆放,美观度更高。

「B」多个抽屉可以存放的物品种类也更多,分类也更细致。

⌐+3⌐

衔接区的整理收纳
客厅与玄关 + 客厅与阳台 + 客厅与餐厨

掌 上 阅 读
衔 接 区 收 纳

　　客厅作为公共区域，与居室内其他空间区域的衔接至关重要，如客厅与玄关、客厅与阳台、客厅与餐厨等，在这些衔接处增添或改造成收纳柜、搁板、单体家具等，既能增添居室使用功能的弹性，又能维持整体家居空间的简洁感。

028

Idea 028

一举两得的柜体设计

客厅与玄关的连接处做成收纳柜，不仅可以通过柜体的色彩变化来区分空间的功能，同时兼顾收纳，一举两得。

「A」整齐摆放的书籍也成了装饰品。

「B」分类摆放的绿植，成为不可或缺的点缀。

029

「A」将藏书一格一类地摆放。

「B」饰品穿插其中也不会凌乱。

「C」封闭柜体增加客厅收纳使用的弹性。

Idea 029

客厅与阳台的衔接处，打造收纳区

客厅与阳台之间的墙面根据需求可将其做成收纳柜，用来存放书籍和闲置物品。

Idea 030

走廊侧墙的辅助收纳

客厅一侧与走廊的衔接处被打造成开放式的收纳组合，这既可以放置一些常看的书籍或装饰品，还能美化环境，一举两得。

「A」收纳格是非常实用的分类工具，可以根据业主喜好及习惯分类归放物品。

「B」不常用的小件物品或工具可以放置在收纳格里，这种收纳方式不会影响视线美感。

030

「A」台面上的饰品美化空间，是空间装饰的一大亮点。

「B」沿墙面打造的多层书架，丰富藏书空间。

「C」层架下方用来收纳童书，方便儿童拿取。

Idea 031

代替电视墙的收纳规划

用一组收纳柜代替了传统的电视墙，各类物品有条不紊地被分类摆放于此，这样，即便是所收纳的物品再多，也不会显得凌乱。

Idea 032

丰盈生活的移动层架

在客厅与阳台的衔接处设立一个可以移动的收纳架，这种开放式的收纳系统让物品的拿取更方便，装饰效果也极佳。

「A」绿植也可以摆放在收纳架上，美化环境、净化空气。

「B」书籍按类别或喜好摆放，方便日常拿取。

033-1

033-2

A

B

C

Idea 033

良好的规划，增添收纳弹性

沙发墙被收纳柜代替，可满足两个区域的收纳需求；邻近玄关处的墙面也被打造成收纳搁板，除了可以收纳物品还能作为展示柜。

Idea 034

书本让开放式柜体更有美感

开放式的收纳空间，最适合的收纳物品毫无疑问是书籍，即使书籍的排列微有参差也不会影响整体的美感。

「A」容易破碎的瓷器收藏品应放在高处。

「B」触手可及的位置可以用来存放经常阅读的书籍。

「C」沙发正后方的空间可以收纳一些闲置物品。

035-1

035-2

Idea 035

利用收纳墙面完成空间过渡

客厅与阳台的衔接处打造了一面可用于收纳的隔断墙，这种规划方式在充分利用房屋结构的同时又不会影响结构的通透性，并且兼具收纳功能和陈列展示功能。

「A」柜子结合翻盖式收纳盒，方便收纳各种尺寸的物品。

「B」搁板上摆放一些装饰物品，提升空间的美观度。

翻盖式收纳盒

「A」瓷器这类易碎物品可以放在高处。

「B」经常阅读的书籍或儿童读物，可以放在下方，方便拿取。

隔断式收纳，实现三效合一的规划

把空间隔断做成格子，可以同时满足两个空间的收纳需求，在起到空间间隔作用的同时，又兼备了展示功能，三效合一。

「A」丰富的藏书成为室内最好的装饰物品。

「B」抽屉中可以存放一些经常使用的小件物品，如遥控器、备用钥匙等。

过道的墙面规划，获得无压收纳空间

利用过道的墙体结构，规划收纳，既不会影响整体空间的动线，还能让家居空间拥有一面超大的收纳墙。

038-1

038-2

Idea **038**

利用间隔设施，开辟收纳空间

客厅一角设立了休闲区，可以充分利用吧台的底部空间进行收纳，为小空间争取更多的收纳空间，其开放式的设计也使拿取物品变得十分方便。

「A」使用率不高的物品可以放在上层搁板。

「B」临近沙发扶手的位置可以放几本喜欢的读物，方便随时拿取。

039

Idea **039**

收纳柜代替实墙，能争取更多收纳空间

沙发墙用一组矮柜代替，既保持了整个空间的通透性，还能增强空间的收纳功能，比传统实墙更实用。

「A」台面可以充当书桌，丰富客厅功能。

「B」展示区域可以根据喜好摆放或收纳一些小物件。

第2章
餐厅的收纳创意

餐厅收纳规划，是对用餐氛围的一种营造，餐具、零食、饮料在餐厅中的合理收纳，让囤货也能成为生活中的真正乐趣。

| 掌 上 阅 读 |
| 餐 桌 收 纳 |

餐桌的整理收纳

减少覆盖率 + 提升美观度

　　餐桌上的物品过多会直接导致餐桌覆盖率的增加，让餐厅看起来显得拥挤杂乱。合理控制餐桌的覆盖率应从良好的生活习惯做起，将纸巾盒、隔热垫、个人水杯以及热水壶、咖啡机等小型家电合理收纳在指定位置，这样就可以有效减少餐桌的覆盖率，让餐厅看起来更加整洁。

Idea 040

配置收纳柜，实现多功能餐厅的收纳自由

餐桌与书桌共用的情况下，在餐桌一侧配置收纳柜很有必要，其不仅可以用于收纳餐具，还可以收纳书籍和装饰品，封闭的柜体还可用于收纳大件的闲置物品。

「A」丰富的格子，可以根据生活习惯摆放物品，兼顾实用性与美观度。

「B」柜子里可以存放闲置物品或是贵重物品。

041-1

Idea 041

开放式餐厅中餐桌上的物品可依靠厨柜收纳

开放式的餐厅中，餐桌上的物品可以就近收纳在餐桌旁的边柜中。

「A」平台上可以用来摆放一些装饰物，营造餐厅的整体艺术氛围。

「B」抽屉里可以收纳一些餐具，如筷子、汤匙、餐刀叉等。

041-2

042-1

042-2

Idea 042

多抽屉的餐柜更好用

无论是定制餐柜还是成品餐柜,选择带有多个抽屉的款式总不会错,抽屉可以实现多种小物品的分类收纳,配合抽屉分隔板,物品分类一目了然,拿取也十分方便。

「A」高处的柜子可以作为公共区域,收纳每个人的闲置物品。

「B」用餐桌下方的抽屉用来收纳一些餐巾、餐具等小件物品。

043-1

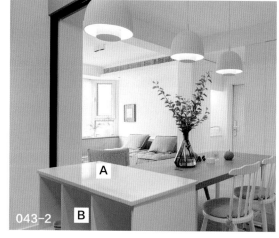

043-2

Idea 043

间隔吧台降低餐桌覆盖率

餐桌沿吧台摆放,吧台既能作为餐厅与其他空间的间隔,还能为餐桌承担一部分收纳,成功降低餐桌的覆盖率。

「A」台面是降低餐桌覆盖率的最佳辅助。

「B」格子中可以放置一些随餐用品,辅助就餐。

044-1

044-2

［A］岛台的台面可以根据业主的喜好摆放一些花草，美化用餐环境。

［B］带有玻璃门的柜子是收纳精致餐具的最佳位置。

Idea **044**

释放餐桌，用花卉美化环境

岛台式餐厨空间内，岛台就是最好的收纳空间，不仅拓展了厨房的操作空间，还能辅助用餐，用来存放餐具等小件物品，被释放的餐桌看起来更加整洁。

掌 上 阅 读
餐 厅 墙 面 收 纳

+2

餐厅的墙面收纳

装饰性收纳 + 功能性收纳

　　将餐厅留白的墙面设计成比较实用的柜体或搁板，一方面能丰富墙面的装饰效果，一方面可以用来收纳一些餐具或装饰品。规划收纳时可以将一些颜值较高的杯子、工艺品分类陈列其中，使餐厅的装饰效果更加丰富，实现有序整齐的收纳，不会产生混乱感。

045

Idea 045

搁板结合柜子，丰富收纳空间

搁板与封闭的柜子组合运用，不仅可以用来放置碗碟筷，还可以用来展示一些高颜值的装饰品，丰富餐厅装饰效果。

「A」成组摆放的饰品，成为餐厅内最美的装饰亮点，使餐厅显得整洁美观。

「B」大件物品可以收纳在高柜内，对开式的柜门，开关节省空间，拿取物品也很方便。

046-1

046-2

Idea 046

用成组搁板，提升装饰效果

在留白的墙面上安装一组搁板，颜色及选材可以与餐桌风格保持一致，用于摆放一些绿植或饰品，装饰效果更好。

「A」搁板属于装饰性收纳，可以摆放一些业主喜欢的花草。

「B」抽屉可用于收纳小件物品，如钥匙和一些日常生活中经常用的小件工具。

「A」「B」公共区域可以用来放置适合全家人使用的物品以及装饰品。

Idea **047**

利用墙面收纳，释放小空间的使用面积

开放式的餐厅，在墙面布置一些搁板或挂钩可满足空间的收纳需求，是一种比较节省空间的规划方式。

Idea **048**

餐边柜设立，方便最重要

餐边柜的设立位置紧邻餐桌，真正实现了收纳的便利性，方便拿取才是保证有序收纳的基本准则。

「A」上下吊柜在收纳时，可以根据物品的轻重以及使用频率进行归类放置。

「B」墙面摆放或悬挂装饰品，能营造整个餐厅的艺术氛围。

048-1

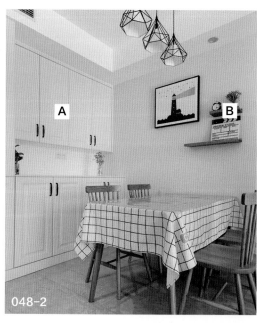

048-2

049-1

049-2

Idea 049

开放区、非开放区的搭配使用，可避免杂乱

利用开放式搁板放置一些经常使用的锅具、餐盘、水杯等物品；收纳柜则可以分区使用，用来放置一些盛放调料的瓶罐，能有效避免杂乱。

049-3

「A」一些经常使用的小件锅具可以摆放在搁板上，拿取方便，物品本身也能装饰空间。

「B」「C」儿童用的杯子、画册等物品放在低矮处，方便拿取的同时还能促进儿童的动手能力，培养收纳的良好习惯。

050

Idea 050

增强收纳、节省空间的卡座

沿墙设计的卡座，可谓是集功能性与装饰性于一身，其布置节省空间，且利用卡座下方的收纳箱放置一些杂物，可提升居室的整洁度。

「A」餐边柜中可以摆放一些就餐时常用的器皿以及小型调料瓶。

「B」利用收纳篮，将一些物品进行分类归放。

「C」封闭处可以收纳一些闲置物品。

051-1

051-2

Idea 051

小餐厅可以用搁板代替边柜，提升空间美感

餐厅的面积不大，可以考虑沿餐厅墙面增设搁板，这样省去了边柜的空间，还能增强餐厅的收纳功能。

「A」搁板是收纳杯子的最佳位置，拿取方便。

「B」延伸的搁板上可收纳小件器皿或陈列一些装饰品。

Idea **052**

符合使用习惯的分类规划

餐边柜设计成上下分层的样式，开放部分可以
用来辅助就餐；封闭部分可用来放置粮油等物
品，合理规划物品收纳的位置，让收纳能够符
合业主使用习惯。

052

Idea **053**

留白墙面变身，为小餐厅的收纳空间

在餐厅留白的墙面上安装搁板，既能用来临时放置食物，还可
以用作展示台，将一些高颜值的绿植、餐具等物品陈列其中，
提升小餐厅的收纳功能。

053-2

053-1

「A」「B」搁板上处除了可以摆放一
些餐具，还能放一些花草类的装饰，
美化空间，净化空气。

054-1

054-2

055

「A」搁板搭配的玻璃门,有防尘效果,适合收藏一些较为贵重的物品。

「B」公共区域的墙面上安装的挂钩,可以临时收纳外套、包、帽子等物品。

「A」编织收纳盒可以放置钥匙等零散的物品。

「B」尺寸较大的抽屉,最好搭配使用抽屉分格盒进行分区处理,这样可以使收纳其中的物品更整齐,拿取也更方便。

Idea 054

边柜可以成为就餐用品的临时收纳空间

餐桌左侧设立边柜,与餐桌之间形成过道,这样的布局可以将日常就餐时用的餐具临时收纳于此。

Idea 055

延伸吧台实现零距离收纳

餐边柜与岛台都能为餐厅提供收纳空间,可根据业主的就餐习惯,将物品分类分区放置。

第3章
厨房的收纳创意

完美的厨房收纳可以提升生活的"幸福感",调料、餐具、厨具等,会随着时间的推移逐渐增多,合理、有序的收纳规划,能提升烹饪效率,让烹饪变得更加轻松愉快。

+1

橱柜的整理收纳

分区处理 + 遵从习惯 + 减少拿取步骤

　　厨房的收纳从橱柜的规划开始，而橱柜的规划则应从厨房布局的分类说起。可以在橱柜内预留一个碗盘收纳区，让碗盘都有合理的"归宿"，拿取也更加方便。喜欢烹饪的人，家里应该都会有较多盛放各种调料的瓶罐，操作台就很容易显得杂乱，这时就很有必要在橱柜里设置一个拉篮以放置这些物品。大米或一些烹饪经常用到的杂粮、干货，其收纳也应单独留出位置，这样用起来会更加方便，经常看到这些物品也能避免因被遗忘而过了保质期造成浪费。厨房的垃圾基本是每日清理，但若想让厨房更显整洁，可考虑把垃圾桶收纳到橱柜里面，那么橱柜下方还应预留出相应的放置位置。

「A」将使用率不高的小型家电收纳在吊柜中。

「B」水槽下的柜体除了能隐藏管道，还可以将垃圾桶收纳其中，提升厨房整洁度。

「C」灶台下的橱柜可以结合拉篮来收纳调味品或餐具，拿取方便。

Idea 056

垃圾桶也可以规划进橱柜中

将垃圾桶隐藏在橱柜中，最合适的位置是水槽下方，这样可以使厨房看起来更加整洁干净。

〔A〕抽屉柜中存放调味料，拿取更方便。

〔B〕烤箱下的抽屉中可以放置一些烘焙用品，按厨房的功能区收纳物品。

〔C〕操作区下方的柜子可以结合锅具收纳架收纳一些厨具。

锅具收纳架

Idea **057**

灶台下方的抽屉更适合收纳调味料

出于烹饪习惯的考虑，将调味料收纳在灶台下方的抽屉中，拿取方便，建议在收纳时，适当地留出空当，这样可以让拿取更方便。

〔A〕翻开门的橱柜可以用来存放经常使用的杯子、盘碗等器皿。

〔B〕墙面的挂钩可以收纳小件工具。

〔C〕刀具收纳架让各类刀具分类归放，安全性更高。

Idea **058**

上下柜体的合理分区

橱柜上方可以用来收纳一些不经常使用的小家电，下方根据使用需求和习惯可分别放置调味料、米面、锅碗餐具。

059

Idea **059**

吊柜开拓更多收纳空间

吊柜能够充分利用墙面进行收纳规划，吊柜处于操作台的上方，开门即可拿取里面的物品，但不宜存放过重的物品。

「A」吊柜内，隐藏烟道后的剩余空间，可以用来存放一些较轻的物品，如厨房用纸、保鲜袋、保鲜膜等。

「B」抽屉结合分格盒可收纳筷子、餐刀叉、汤匙等小件物品。

060

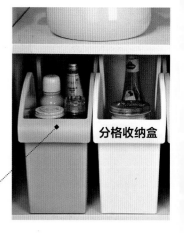

分格收纳盒

「A」顶部的橱柜可以配合收纳篮收纳物品，这样拿取更方便。

「B」「C」根据日常操作顺序和习惯并搭配使用分格收纳盒，将厨房内的餐具、存粮、调料等物品分类归放。

Idea **060**

分区处理，让橱柜收纳更轻松

根据使用需求及生活习惯，将橱柜进行分区，用分格收纳盒将橱柜中的大空间进行拆分，还可以粘贴一些标签，对收纳物品进行标注说明，使拿取更加方便。

Idea 061

变化柜体材质，让吊柜收纳更方便

吊柜收纳除了可以分区处理外，还可以适当变化一下柜门的材质，用带有一定透明度的玻璃柜门代替传统木门，利用玻璃的通透性使物品的拿取更方便。

Idea 062

抽屉让橱柜收纳更方便

橱柜中适当地规划两组或多组抽屉，用来收纳一些形状、大小不一的物品，收纳时配合抽屉分格盒进行分类或将形状、颜色接近的物品放在一起，美观整洁，拿取方便。

Idea 063

上轻下重的储物原则

厨房中有许多大大小小的物品需要收纳，除了根据物品的使用频率进行收纳，还应考虑物品的自身重量，重物居下、轻物置上，会让拿取与存放变得很方便。

064

065

搁板让橱柜收纳更丰富

吊柜下方设搁板，大大提升厨房收纳功能的弹性，开放式的搁板用来收纳一些经常使用的调料或杯、碗等物品，既美观又实用。

壁龛与橱柜的结合运用

组合式橱柜既有封闭的储藏空间，又有开放式的展示格，让物品的拿取与分类都更加方便。开放的空间可以搭配收纳篮、收纳盒辅助收纳，整洁度高，也方便物品归类。

「A」「B」橱柜中的开放区域十分适合摆放一些经常使用的物品，如调料以及一些小件工具。

「A」半透明的收纳盒，可以轻松地查看里面收纳的物品，查找十分方便。

「B」收纳器具统一选择方形，可以充分利用收纳空间。

「A」「B」吊柜封闭与开放结合的样式，方便物品的拿取，易脏或不经常使用的物品可以放在封闭的柜子里。

「C」挂钩收纳小件工具，除了根据其使用频率，还可以根据物品的大小、形状进行排列，这样看起来更加整齐。

Idea 066

根据操作习惯定制橱柜，更有益于收纳

橱柜可以根据业主的操作习惯进行定制，这样既能保证厨房烹饪的顺利进行，也使厨房内每个区域都能够得到充分利用。

Idea 067

封闭与开放结合，使吊柜的装饰性与收纳功能双效合一

在吊柜中设置搁板，可以将一些颜值较高或成套的器具以及绿植花艺摆放其中，这样不仅兼备了装饰性，还提升了吊柜的收纳功能。

厨房的墙面收纳

搁板 + 壁龛 + 挂钩

掌 上 阅 读
厨 房 墙 面 收 纳

厨房空间一般不大，但各式烹饪用具却很多。可以利用墙面强大的可塑性，在墙上设置搁板、壁龛或是挂钩，把小型锅具、汤勺、花艺绿植以及一些盛放调料的瓶罐整齐收纳于此，这同时也赋予了墙面展示功能，在提升美观度的同时让厨房告别凌乱。

068

Idea 068

空白墙面做搁板，方便拿取

在空白的墙面上安装一排搁板，可以使厨房的收纳工作更方便，开放的搁板可以用来放置一些经常使用的厨房用品。

Idea 069

按使用习惯归类物品

在空余的墙面上安装一些金属挂钩，按照使用习惯将锅铲、汤勺等小件工具分类归放，使拿取更方便。

069

070-1

070-2

转角式锅具收纳架

「A」柜子里可以放置大件锅具，推荐搭配使用转角式锅具收纳架。

「B」壁龛里的书本显得尤为惹眼。

「C」心仪的杯子可以摆放在搁板上，拿取方便，还能装饰厨房。

Idea **070**

厨房也可以有装饰性收纳

将一些高颜值的小家电或餐具摆放在开放式的搁板上，拿取方便的同时也可以装点厨房。

071

Idea 071

用搁板装饰墙面

在厨房的留白墙面上设置搁板,其上展示的物品,能起到很好的装饰效果,还可以将一些使用率高的物品整齐、分类摆放其中。

「A」搁板上陈列一些漂亮的杯子,有很好的装饰效果。

「B」金属挂钩上收纳锅铲、勺子、手套等物品,使用时伸手就能拿取,有利于提高烹饪效率。

Idea 072

收纳盒 + 标签的妙用

开放式的收纳结构中,最好配合收纳盒实现物品的分类,再搭配标明物品名称的标签,使拿取更方便。

073-1

073-2

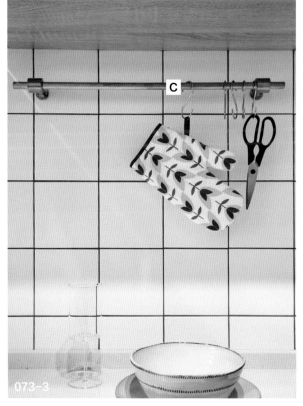

073-3

Idea 073

悬挂式收纳，"激活"每一寸空间

在空余的墙面上安装挂钩，可用于收纳一些经常使用的小工具，利用挂钩实现的悬挂式收纳，易于拿取，用起来非常方便。

「A」「C」金属杆上可以悬挂经常使用的杯子，使用时随手就能拿到，归位也很简单。设置较高的金属杆上悬挂剪刀，儿童不方便拿取，安全性更高。

「B」距离炉灶很近的搁板，可以用来放置调味品，伸手就能拿到，既能避免凌乱又能提高烹饪效率。

074-1

074-2

Idea 074

装饰性元素，美化烹饪空间

如果墙面不适合再增设吊柜，可以考虑安装一块简单的搁板，既能收纳一些经常使用的物品，还能根据业主的喜好摆放一些绿植，起到美化空间的作用。

「A」收纳在搁板上的物品，摆放一定要整齐，这样才能起到装饰效果。

「B」吧台下方用来收纳日常阅读的杂志或经常使用的水杯等物品，拿取和存放都很方便。

「A」搁板上适合摆放外形漂亮的物品，这样能起到很好的装饰作用。

「B」地柜的开放空间，用来收纳经常使用的小型家电，很方便。

Idea 075

让角落更实用的收纳规划

为了兼顾厨房的采光，可以考虑将墙面的吊柜改设成搁板，简洁大方，不占据视线，不阻碍光线，合理的利用及规划达到的效果会比封闭的收纳柜更实用。

Idea 076

搁板与挂杆的结合，提升收纳弹性

空白的墙面除了设立搁板，还可以增加一组挂杆辅助收纳，挂杆上可以根据使用需求搭配一些S形挂钩，用来悬挂锅铲、汤勺、小型平底锅等物品，十分方便。

077

Idea 077

高搁板的妙用

在橱柜上方设立一组简单的搁板，将一些不经常使用的小件工具整齐摆放在搁板上，这样在收纳闲置物品的同时又不会对厨房的动线产生影响。

078

「A」吊柜里面的收纳物品应为厨房中使用率低、分量轻的物品。

「B」搁板上摆放一些经常使用的小工具和调味料，放在触手可及的位置，拿取和归放都十分方便。

Idea 078

洞洞板让厨房墙面收纳趣味横生

在留白的墙面上运用洞洞板与搁板的组合，缓解由结构凹凸面带来的不适感，起到拉齐视线的作用。洞洞板的灵活性也让收纳成为一种乐趣。

079-1

079-2

Idea 079

五金小物的辅助收纳

利用金属置物架、挂钩等来为厨房物品的收纳进行分类,是既省钱又省空间的方法,这类五金类的小物件安装方便,抗污、耐腐蚀性能强,很适合用在厨房中。

「A」金属网格可以用来收纳一些日常拍摄的照片,记录美食,让生活充满乐趣。
「B」水槽上方的搁板可用于摆放一些装饰物品,如花卉、瓷器等。

厨房的台面收纳

扩充操作面积 + 提升整洁度 + 降低覆盖率

掌 上 阅 读
厨 房 台 面 收 纳

厨房中，台面上摆放的物品，往往是使用频率较高的物品，如刀具、小件电器以及盛装着油、盐、酱、醋等调料的瓶罐。这些物品的大小及形状很难统一，收纳时可以利用可移动的置物架、收纳篮、收纳筐等协助收纳。利用收纳工具让这些零散物品实现分类放置，拿取方便，避免烹饪时手忙脚乱，这种降低台面覆盖率的方法是提升厨房整洁度的有效做法。

080

Idea 080

移动式置物架，保证操作台空间充足

在厨房中放置一个可以移动的置物架，用来临时收纳一些小件电器和厨具，让台面的整洁度更高，置物架的灵活性还可以作为临时备餐台，辅助烹饪及就餐。

「A」金属置物架用来收纳砧板、锅盖，可防止掉落。

「B」移动置物架用来收纳小型家电，放在距离电源近的位置，使用十分方便。

[A]金属挂钩上悬挂的工具，可以按照物品功能分类收纳。

[B][C]岛台和置物架可以有效释放台面的覆盖率，置物架十分灵活，可以随需要移动。

[A][B]岛台的台面和底部空间可以用来放置杂志、水杯等使用率较高的物品。

Idea 081

悬挂式收纳，提升台面整洁度

在台面与吊柜之间的空余墙面上设置金属挂钩，既能分类收纳小件工具，还能将一些花草悬挂其中，不仅提升了台面的整洁度，还具有很好的装饰效果。

Idea 082

利用岛台底部的空间，释放台面

岛台底部的空间可以用来收纳家人日常使用的水杯，还可以收纳菜谱、书籍等读物，易拿易放。

083-1

083-2

Idea 083

吊柜收纳，降低台面覆盖率

开放式的厨房中，可以在岛台或吧台上方设立一组开放式的吊柜，用来存放茶叶罐、咖啡罐、水杯、茶壶等物品，做到收纳与展示两不误。

「A」悬挂在操作台上方的吊板，用来摆放装饰物品，让烹饪空间也能充满趣味性。

「B」小家电收纳在地柜的开放搁板中，触手可及，使用十分方便。

第4章
卫浴间的收纳创意

卫浴间的收纳对其外观的影响较大，在满足
使用功能的同时想要兼顾美感，需要有规
划合理的家具以及墙面，这些因素能为卫浴
间提供收纳，也是舒适生活的一种保障。

+1

卫浴间的结构式收纳

结构利用 + 整体性强 + 提升装饰效果

大多数情况下，卫浴间在装修时会有一些管道或不规则结构裸露在外，设计时为了掩藏这些问题，常通过定制家具或设计壁龛的形式来解决，这些规划占用空间小，并且可在表现美观的同时扩充卫浴间的收纳空间。

「A」「B」「C」壁龛经过木饰面板的装饰，与洗漱柜的统一性更强，美观度也更高。可在壁龛中摆放一些日常必用的护肤品或毛巾，拿取十分方便。

Idea 084

干湿分区后，用壁龛打造更多收纳空间

将洗漱区从卫浴间内分离后，利用隐藏管道后留下的空当制成壁龛，可以用来收纳日常洗漱的必需品，其开放式的设计让拿取十分方便。

085

Idea 085

用壁龛"激活"格局调整后留下的"盲区"

改造水管后留下的"盲区"被设计成壁龛，其搁板的深度不用太深，这样能使存放或拿取物品更方便，这种规划方式在减少空间浪费的同时还兼顾了收纳功能。

086

Idea 086

用收纳掩藏不规则结构

淋浴区与洗漱区用钢化玻璃门进行间隔，在实现干湿分区后留下一个不规则的空间，壁龛的设置巧妙地化解了此处的尴尬，收纳在其中的日常护肤用品也成为一种很好的装饰。

「A」壁龛利用了墙面的不规则转角，用来收纳或陈列一些高颜值物品，对空间起到装饰作用。

「B」坐便器上方的位置安装了搁板，用来摆放花草及毛巾，美观实用。

Idea 087

让浴缸的侧面也成为收纳空间

浴缸侧面设置一组收纳格子，用来收纳儿童洗澡时的玩具或沐浴用品，是个不错的创意。

Idea 088

转角洗手台 + 壁龛，使收纳空间更充足

转角洗手台不仅拓宽了台面的面积，其底部的收纳空间也能得到扩充，可以用来存放一些洗衣液、消毒液等生活必需品；延伸出的壁龛则可以用来放置洗手液、毛巾以及护肤品等日常使用率较高的物品。

Idea 089

封闭的窗户做收纳台

改造后经过封闭处理的窗户, 可以顺势设计成壁龛, 在淋浴区用来收纳沐浴露、洗发水等物品, 这样不只是在使用时的拿取, 包括日常清洁也十分方便。

「A」「B」淋浴区的墙面上收纳了沐浴用品及毛巾, 触手可及, 拿取方便。

「C」坐便器侧面的位置摆放一组边柜, 用于收纳厕纸。

「A」壁龛采用了防腐耐用的钢化玻璃, 装饰性与美观性兼备。

「B」「C」金属置物架收纳了装饰品以及厕纸。

Idea 090

用壁龛辅助洗漱收纳

卫浴间难得有大面积的明窗, 如果不想影响采光, 可以在空白墙面设置壁龛来作为洗漱区的辅助收纳, 放一些护肤品、洗手液等小件物品, 就可以完全满足洗漱需求。

掌 上 阅 读
卫浴间家具收纳

卫浴间的家具收纳

洗漱柜收纳 + 定制高柜

卫浴间的面积通常不大，完全依靠地面收纳柜进行收纳，会使收纳空间非常紧张，此时，可以利用上部分空间进行收纳，如吊柜、搁板、坐便器上方的空间，将这些空间作为卫浴间收纳的主要空间，能有效避免拥挤感。

091

Idea 091

镜柜提升卫浴间收纳弹性

在洗手台上方预留的墙面上安装有收纳功能的镜柜，是一种比较推荐的做法，这不仅提升了墙面的收纳功能弹性，还能利用镜面增加空间的开阔感。

「A」镜柜后面可收纳日常护肤品。

「B」地柜用于收纳洗衣液、消毒剂等较重的物品。

Idea 092

隐形柜满足更多收纳需求

卫浴间设计为干湿分离式,可以在干区定制一些高柜进行收纳,再搭配一些收纳拉篮,将物品分类收纳,拉篮的灵活度高,拿取也很方便。

Idea 093

抽屉让洗漱柜的收纳拥有更多可能

洗漱柜在卫浴间中必不可少,建议选择带有抽屉的,这样可以更加方便储物,如果洗漱柜的体积较大,抽屉中还可以配合一些分格进行分区,这样可以保证抽屉内部物品摆放整齐也容易拿取。

Idea 094

开放式的收纳更合理

将每天使用的护肤品摆放在开放式的搁板上，没有了开关门的步骤，不仅用起来方便，收纳也更简单，只需要按照使用习惯排列即可，使日常收纳更合理。

Idea 095

利用墙柜控制台面覆盖率

如果在卫浴间内定制了高柜，可以考虑将其设置在洗漱台旁边，用来收纳化妆品、洗手液或装饰绿植等，这样可以有效降低洗手台的覆盖率。

「A」侧面吊柜可以用来收纳护肤品，用时拿取很方便。

「B」抽屉结合分格盒可收纳一些美妆小工具。

「C」收纳篮可以收纳毛巾，也可以收纳日常更换下来的衣服，提升卫浴间的整洁度。

Idea **096**

复合式洗漱柜，让物品拿取更方便

抽屉与搁板的组合，减少了该区域物品拿取与存放的步骤，让收纳更加得心应手；搁板处可以搭配一些收纳篮辅助收纳，这样看起来更加整齐。

「A」平拉式柜门，开关时不占据空间，拿取物品也十分方便。

「B」「C」搁板与壁龛上可以用来收纳使用率高的物品或装饰花草。

Idea **097**

定制类家具让收纳空间更充足

将洗手台上方的整个墙面都定制成可用于收纳的柜子或搁板，其不用太深，这样既不占据空间，拿取里面的物品也会更方便。

掌 上 阅 读
小件元素收纳

+3

小工具的辅助收纳

置物架辅助 + 五金配件收纳 + 悬挂收纳

挂钩、收纳杆、收纳篮、置物架等这些收纳工具通过简单的粘贴或摆放便能实现收纳功能,有着经济实用、更换方便的优点。运用时可以参照业主习惯及空间布局进行规划。以挂钩、收纳杆为例,既能单独设立悬挂区,还能根据使用区域的功能来做样式选择,甚至还可以安装在隐秘的角落,用来收纳一些个人的物品。这些拥有高性价比的小工具是卫浴间收纳中不可或缺的辅助神器。

Idea 098

挂钩的便利性收纳

卫浴间墙面上还可以装一些挂钩,可以是一整排的挂钩,也可以是单个的挂钩,挂钩价格比较便宜,这种收纳工具也是比较节省成本的。

「A」在浴缸侧墙上粘贴金属挂钩,用来悬挂浴袍或浴巾,十分方便。

「B」金属支架可以用来收纳牙刷、牙膏,做到随手可拿。

Idea 099

美观、实用的梯形搁物架

卫浴间除了使用定制柜子,还可以利用一些收纳神器来进行收纳,如放一个梯子置物架,这样就可以用来放一些洗手液等物品。梯子置物架还可以放在坐便器旁边,并搭配一些收纳篮,提升收纳弹性,把空间利用到最大化。

「A」用收纳篮辅助,可以装一些零碎的物品。

「B」木质置物架用来收纳雨伞、纸巾等物品,让空间转角得到利用。

Idea 100

收纳篮让卫浴间看起来更整洁

卫浴间中常有一些来不及清洗的衣物,随意摆放会显得凌乱,此时,可以选择一个尺寸合适的收纳篮将它们收纳起来,让卫浴间看起来更加整洁。

「A」抽屉根据使用需求进行定制,使用起来更加便利。

「B」收纳篮可以放置洗衣用品或脏衣服,提升室内整洁度。

「C」淋浴区的墙面设立了壁龛,让沐浴用品触手可及。

101

Idea 101

创意置物架，丰富墙面设计感

狭小的空间内，在墙面上安装小型置物架，用来收纳毛巾、沐浴露、洗发水等日常沐浴用品，拿取方便，不占空间。

「A」每天都会使用的物品，最好放在随手可及的位置，方便拿取。

「B」容易产生凌乱感的物品，适合收纳在抽屉中，结合分格盒，物品可按类归放。

102-1

102-2

Idea 102

角架让洗衣机上方空间得到利用

如果洗衣机放在卫浴间，可以在洗衣机上方安装角架，角架的层数可以根据业主需求确定，这样通过对卫浴间内上方空间的改造，打造出更多的收纳空间。

「A」台面上用来摆放一些
装饰物品，营造氛围。

「B」一些零碎或形状不一
的物品，可以通过收纳篮将
其收纳起来，提升居室视觉
上的整洁度。

Idea 103

高颜值收纳篮实现分类收纳

收纳篮能很好地实现物品的分类收纳，可以根据收纳物品的大小、种类及功能选
择不同尺寸、材质的收纳篮，推荐以方形为佳。

Idea 104

金属毛巾杆的妙用

金属毛巾杆的安装方便，可用来悬挂毛巾或临时收纳一些换洗衣物，还可以搭配
S形挂钩实现多重收纳。

Idea 105

移动的置物架，使收纳更灵活

如果卫浴间内有改造后留下的结构布局问题，可以选择一个尺寸合适的置物架来
进行缓解，置物架灵活性强，可根据需求选择搁板的层数，收纳使用弹性很高。

Idea 106

金属杆的分区设置，是实用又便利的收纳技巧

分别在卫浴间的如厕区、淋浴区的墙面上安装金属杆，方便收纳不同区域所需的物品，如毛巾、浴巾、浴袍等。

「A」金属收纳杆让毛巾拿取更方便。

「B」搁板在洗手台右侧，上面整齐摆放的护肤品，也可装饰空间。

Idea 107

搁板的辅助收纳

如果洗衣机上方不方便安装置物架，可以选择一组简单的搁板，用来放置一些较轻的物品。

「A」「B」由上至下，分别摆放了沐浴所需的一些用品，一目了然的收纳让拿取很方便。

107

第5章
玄关的收纳创意

玄关收纳是家居生活中的重中之重，因为玄关是家的"第一印象"，在使用率极高的前提下，合理的规划收纳，能为生活提供更多便利。

掌上阅读
玄关家具收纳

+1

玄关的家具收纳

装饰性 + 功能性 + 组合型

玄关所占面积虽然不大，但是有着过渡屋内外及收纳功能，合理利用空间面积进行家具规划，能为家居生活打造出更多的收纳空间，将鞋子、衣帽、雨伞以及钥匙等小件物品进行合理收纳，是提升幸福感的重要手段。

Idea 108

用鞋柜代替隔断，争取更多收纳空间

用收纳柜代替玄关与客厅之间的隔断或隔墙，可以为居室争取更多的收纳空间，封闭的柜子作为公共收纳区，可以收纳一家人的鞋子；开放空间可以用来陈列一些装饰品，也可以用来收纳一些经常使用的小物品。

「A」搁板可用来摆放装饰品，是居室装饰效果的一个亮点。

「B」鞋子可以通过透明鞋盒来进行收纳，整洁度高，防尘美观。

透明鞋盒

「A」柜子里收纳的物品，可以根据使用频率进行分类，配合收纳篮或收纳盒都能让拿取更加方便。

「B」格子中摆放了一些工艺品，提升了整个家居空间的艺术氛围。

收纳盒

109

「A」公共区域的装饰元素是必不可少的，可用来烘托整个居室的艺术氛围。

「B」封闭的柜子在进行收纳规划时，可以依靠分格层架实现分区，尺寸可以根据业主需求确定，使用起来非常灵活。

110

Idea 109

上下分离式收纳柜，收纳与换鞋两不误

上下分离的柜子比起整墙的高柜，视觉上更有层次感与轻盈感，下柜既能用来收纳鞋子还可以用作换鞋凳；上柜可以搭配一些搁板陈列装饰品，增添生活趣味，这种分离式收纳柜十分适用于小型玄关。

Idea 110

公共区的墙面规划，让走廊承担部分收纳

为了打造居家视野的开阔性，不想在玄关陈设大面积柜体，可以选择在走廊的一侧设立半腰收纳柜，其台面可以用作展示艺术品或装饰品，柜内则可以用于收纳鞋子以及一些生活用品。

111

Idea 111

悬空式设计的高柜没有压迫感

悬空式柜体可以营造视觉轻盈感，其下方可收纳鞋子，维持通道整洁；至于内部收纳，可以搭配一些能自行调整高度的层板，这样不管是什么款式的鞋子，都能进行有效收纳。

「A」高柜中可做适当的分层处理，这样在收纳时只需根据物品的使用频率及大小放置即可。

112

Idea 112

复合式收纳柜，兼具收纳功能和装饰功能

敞开式的玄关采用通顶的高柜可提供充足的收纳空间，在与客厅的衔接区域可以设立开放式的格子，用来摆放一些工艺品，起到美化空间的作用。

Idea **113**

定制柜子，提升空间收纳效率

定制的柜子不仅能使不规则空间看起来更加整齐，收纳空间也能得到很好的
扩充，大幅提升收纳效率。

Idea **114**

利用底部的悬空位置，收纳常穿的鞋子

小玄关中，如果整墙都做收纳柜，可以适当地更改一下柜体的样式，这样可以
在小空间内减少压抑感；柜子底部的悬空区域还能用来收纳常穿的鞋子，让
通道维持整洁。

Idea **115**

通过更改柜门样式，实现收纳分区

整墙柜体在狭小的空间中显得尺寸过大，如果只有一扇门板，开关时会觉得费力，因此，可以改成上、下各带一块门板的双门柜，将柜体依收纳物件的不同划分成不同区域，想拿取时，只需开启对应的门板即可。

［A］［B］开放搁板上的物件摆放十分整齐，是确保该区域整洁美观的关键所在。

［A］台面上摆放一株精美的花束，制造浪漫氛围。

［B］公共区域用洞洞板装饰墙面，提供了充足的收纳空间。

Idea 116

利用定制家具，让公共区域的墙面具有收纳功能

通过定制家具，在玄关一侧的公共区域设立收纳区，再通过柜子的模块化处理，实现物品分区、分类，让公共区域可以满足不同类别物品的收纳需求。

Idea 117

通过柜体颜色实现分区收纳

在不能拥有独立玄关的居室中，可以通过改变柜体颜色的方式实现分区，这样做的妙处是不仅实现了区域上的划分，还能在收纳上实现分类。

掌 上 阅 读
玄关墙面收纳

玄关的墙面收纳

装饰收纳 + 功能收纳

　　玄关的地面空间不大，要做好收纳，可以选择"上墙"，即将收纳空间转移到墙面上，这种方式的优点就是不占地面面积，不影响玄关位置的进出。玄关的墙面收纳规划，首先可以考虑给玄关墙面增加一些挂钩，衣服、帽子这类物品就能收纳在墙上。甚至，门背后也可以钉上挂钩，让空间得到充分利用。如果觉得挂钩的收纳功能比较局限，可以尝试在墙面安装搁板，这样不仅能收纳经常使用的物品，还可以陈列一些装饰品。除此之外，挂钩和搁板还可以搭配使用，这样能大幅提升墙面的收纳使用弹性。

Idea 118

挂钩让日常衣物拿取更方便

挂钩可以用来临时收纳帽子、围巾、挂包和钥匙之类的物品，还可以存放一些无须特别呵护和打理的物品；简单灵活，不占空间，拿取十分方便。挂钩的高度和数量配置较为灵活，可根据人数及物品的数量安装，还可以专门为儿童增加高度适宜的挂钩，促进其养成收纳的习惯。

「A」水平排列的金属挂钩，可以临时收纳外出时需要穿着的衣物及佩戴的物品。

「B」「C」搁板及边柜可以分类收纳一些小件物品。

Idea 119

来自群组搁板的装饰性收纳

为了营造玄关的美感，可以在留白的墙面上安装可用于收纳
及展示的搁板，摆上一些工艺品、植物等，丰富空间趣味性。

120-1

120-2

洞洞板与搁板的组合，全面提升墙面的收纳功能弹性

在玄关的留白墙面上安装一块洞洞板，为玄关提供辅助收纳空间，这样的规划十分适合在小玄关中运用，洞洞板可以代替挂钩以及部分收纳柜，用来收纳衣、帽、包、雨伞等物品。

「A」「B」进门处是雨伞、围巾、提包收纳的常用位置，将其悬挂在墙面上，很容易养成良好的收纳习惯。

「A」使用层板将柜子进行模块化处理，能让柜子的分区更明朗。

Idea 121

挂钩也可以成为装饰元素

如果采用挂钩来作为玄关墙面的辅助收纳，不妨选择一组造型别致的挂钩，即使不悬挂物品，其本身也是一种装饰。

Idea 122

创意收纳，为居室增容添彩

在玄关的墙面上安装一组或几组充满创意的收纳格子，摆上一些喜爱的小物件，用收纳的创意装饰生活，也是一种展示美好生活的妙想。

123

124

「A」一套收纳盒可以归放各
种尺寸的物品，而且方形盒排
列在一起更显整洁。

「B」带有小抽屉的置物柜，能
让小空间的每一处都得到充
分利用，可灵活摆放。

Idea **123**

灵活的小件收纳工具
实现分类收纳

利用成品置物架、置物篮等小
件收纳工具来提升玄关的收
纳功能，有效达到辅助收纳的
目的。

Idea **124**

挂钩为狭窄的空间提
供更多收纳的可能

为了保证入门处的宽敞与通
透感，可以舍去一些家具的布
置，仅在墙面上安装一组挂
钩，用来收纳外套、雨伞等物
品即可。

「A」木质挂钩既能装饰墙
面，又能提供更多的收纳
空间。

「B」小边桌虽然不能收纳
很多物品，但是用来摆放
花草也是个不错的选择。

第6章
局部空间的收纳创意

利用局部空间规划收纳，不仅可以打造出
更多的收纳空间，也是释放居室使用面积的
最佳选择，书房、衣帽间、阳台、榻榻米、飘
窗、地台，这些空间的利用，足以提升居室
的收纳容积率。

书房的整理收纳

装饰性收纳 + 功能性收纳

书房中的收纳大致可分为装饰性收纳和功能性收纳。装饰性收纳以展示为主，功能性收纳主要用于收纳书房中的必备用品，如书籍、文具、藏品等。

Idea 125

集功能性与装饰性于一体的创意搁板

整墙定制的装饰面板配上简单的搁板，创意感十足，随性或成组摆上一些装饰物品，可达到收纳与展示的双重目的。

「A」简单的搁板可陈列一些
装饰花草，为书房带入生机与
自然之美。

「B」抽屉是书桌的必备之
选，用来收纳零散的文具，十
分方便。

Idea 126

利用书桌上方的空间打造装饰性收纳

书桌上方的墙面，可以设计成用于收纳的搁板，达到充分利用空间的目的，这
样既弥补了墙面的空白，又能节省空间，其造型简洁，并且美观实用。

抽屉分格

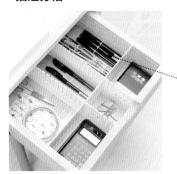

「A」搁板上可以收纳一些经
常使用的文件，拿取十分方便；
还可以摆放一些老旧照片，让
小书房充满温馨的氛围。

Idea 127

丰富的收纳工具让书房中的小件物品实现归类存放

书桌上零散的物品比较多，可以用一些小的收纳工具，格子、收纳盒和笔筒、小
箱子等，它们不仅能整理桌面，收纳杂物同时使用起来也更加方便。

Idea **128**

利用定制家具，拓展书房的收纳空间

定制的书柜能提升书房的收纳与展示功能，依据业主习惯进行定制，可以使物品的分类更理想化，使收纳更贴心。

「A」搁板上展示的物品，摆放整齐，挑选方便。

「B」封闭的书柜中可以存放一些贵重物品。

Idea **129**

窗台下方的巧妙规划，为小书房提供更多收纳空间

充分利用墙体结构特点，将窗台下部的位置打造为收纳柜，以扩充书房的收纳空间，用来放置一些不经常使用的杂物或工具，十分实用。

「A」形状不一的物品比较适合收纳在柜子里。

「B」置物架上的物品经过整齐的摆放后，平时收拾起来的工作量就不会太大。

Idea 130

书桌上方打造搁板，满足基本阅读的收纳需求

阳台改造的书房，每一寸空间都不能浪费，利用书桌上方的位置安装一组简单的搁板，可用于收纳一些常用的物品或书籍。

Idea 131

低矮型的收纳柜更适合儿童书房

儿童书房中比较适合选择低矮型的家具，这样的高度正好适合孩子们自己动手收纳，安全性也更好。

130

131

「A」「B」书房内的物品根据使用需求与频率进行分区收纳，观赏性的物品可以用来展示，私人物品选择"藏"，有展示有藏的收纳才更有弹性及合理性。

「A」上柜是闲置物品的最佳藏身之处。

「B」格子用来展示钟爱的物件或摆放图书，层次更突出，美观度也得到提升。

Idea 132

隐形柜为书房提供更多收纳空间

L形书房中整墙设置了收纳柜，隐形式的封闭柜大大提升了空间的整洁度；书柜内部的收纳最好经过模块化分区，书籍可按类别及阅读习惯分区；文具等零散物品可以通过收纳盒进行分装。

Idea 133

整墙打造复合式收纳柜，实现收纳与装饰的双效合一

开放式与封闭式结合的书柜，不仅为书房提供了充足的收纳空间；其中，造型别致的开放式搁板装饰效果也极佳，拿取物品也更加方便，是一种集收纳与装饰于一体的完美收纳组合。

Idea 134

开放式搁板是收纳空间也是一种装饰

开放式的书架可以延伸至整个书房的墙面，增加立面收纳空间，使空间的利用率达到极致。

「A」书籍与物品越来越多，整齐摆放容易拿取也便于整理。

「B」抽屉可收纳文具，按层分类摆放，拿取更方便。

「A」玻璃门具有很强的现代感，黑色饰面适合存放私人物品。

「B」一些零散的文具放在抽屉中，随手就能拿到。

Idea 135

榻榻米式书房，让收纳拥有更多可能

榻榻米式书房能带来更多的收纳空间，榻榻米装饰的部分可以用来收纳换季衣物以及一些闲置物品；书架及书桌部分可以按需摆放书籍、文具以及一些装饰品。

+2

衣帽间的整理收纳
释放小卧室 + 更多衣物收纳空间

衣帽间已经不局限于中、大户型中，合理的规划衣帽间也是释放小户型卧室的一种有效方式。衣帽间的主要形式有开放式、独立式、步入式和嵌入式四种。为了使物品能够被合理收纳，衣帽间可以分为叠放区、杂物区、大件区和悬挂区等类型的储藏空间。做好分区、分类，合理利用空间，不仅能够提高使用效率，也是一切收纳的基本原则。

Idea 136

一字形衣帽间，宽敞美观

充分利用墙面的空间，将整墙规划成衣柜，形成一个十分宽敞的一字形衣帽间，用来摆放鞋、包、衣服等物品，美观大气。

「A」将衣物悬挂起来，不容易产生褶皱，整理起来也很方便。

「B」背包可以放在搁板上，不会有挤压的现象发生。

「C」大件衣物可以悬挂在高柜中，防尘效果更佳。

137-1

Idea **137**

应季衣物可使用悬挂式收纳

应季的衣物比较适合收纳在悬挂区，搭配一些挂钩、挂篮，以减少衣物的拿取步骤，是提升日常收纳效率的有效做法。

「A」方形收纳盒让空间更显整洁。

「B」抽屉中分区摆放小件衣物，可以每一层只放一类衣物，拿取会十分方便。

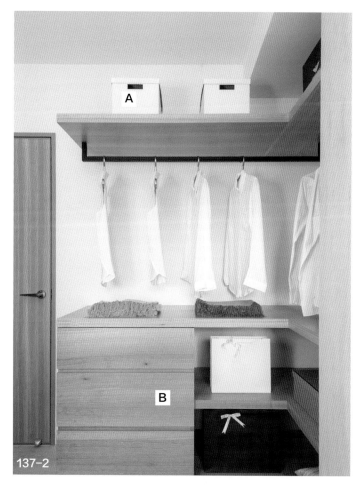

137-2

内衣分装格

「A」抽屉收纳衣服时可以附带分装格，这样能使小件衣物实现分类，方便整理。

「B」开放式的搁板可以收纳鞋子或包，拿取方便也容易整理。

Idea **138**

在衣柜下方设立搁板，拿取更方便

在封闭的衣柜下方，设立开放式的格子，用来收纳鞋子、包等物品，也可以搭配收纳篮收纳一些小件衣物，拿取十分方便。

Idea **139**

开放式衣柜结合抽屉，使收纳更安心

L形的衣帽间整体采用开放式设计，舍去封闭的柜门，无论是叠放区还是悬挂区都能一目了然，减少了物品的拿取步骤，分类也更明确。

Idea 140

方形收纳盒，提升空间整洁度

衣帽间的展示区内，收纳盒宜选择方形，方形物体在视觉上显得更整齐，再用标签进行标注，分类明确，方便拿取。

「A」首饰等贵重物品可以收纳在封闭的盒子里。

「B」大件衣物或被子放在收纳袋里，让收纳更有序。

收纳袋

140

Idea 141

分类归放物品，让收纳更具有安全性

通常来讲，应季衣物会被收纳在悬挂区，这样更加方便日常穿搭，而抽屉则可以用来存放首饰一类的贵重物品，既能保护隐私，又兼顾安全性。

阳台的整理收纳

闲置物品 + 洗衣机 + 花艺

一般阳台的面积都不大，所以阳台空间更需要精心的规划与打理，以免凌乱。阳台的规划主要以满足空间功能为主，其主要功能以洗晒、收纳、休闲为重点。巧妙、合理的规划，可以提升空间整洁度和扩充收纳空间，能让阳台兼顾美观性和实用性。

142

Idea **142**

高柜让阳台实现收纳与装饰的双效性

选择一侧墙面，整墙定制成高柜，用来存放一些闲置物品，量身定制的柜子分层合理，且不会占据太多空间，可实现装饰性与功能性双效合一。

143

144

Idea 143

上下组合的收纳柜，让收纳物品更丰富

阳台采用上下组合式的收纳柜，可以减少视觉上的沉重感；开放区域可以用来摆放花草以及日常生活中使用率较高的小件物品。

Idea 144

洗晒式阳台的归类收纳

洗衣机放在阳台，可以定制一个阳台柜，把洗衣机嵌入柜子里面，使阳台看起来更加整洁，还可以将洗衣机上方的空间利用起来，存放洗衣液、清洁剂等物品。

145

利用结构特点打造收纳柜，营造温馨一隅

整墙规划收纳柜，使阳台的收纳空间得到扩充；延伸的搁板既能用于收纳，也可以充当休闲椅，一物两用，彰显设计者的别出心裁。

「A」窗台也可以作为收纳空间，用来摆放花草，既能促进植物生长，又能美化环境。

「B」阳台柜是收纳闲置物品的极佳位置。

146

合理的家具规划，让收纳空间颜值更高

在阳台的一侧墙面靠墙摆放一个造型低矮的收纳柜，其低矮的造型可以用来收纳一些较重的物品；同时这样的高度及体量不会占据太多空间，装饰性与功能性兼备。

「A」用来隐藏管道的置物架，可以用藤蔓类植物修饰。

「B」收纳柜中会存放一些大小不一的工具，用收纳盒粘贴上标签，让收纳更整齐。

147

「A」成品置物架拥有很高的颜值，与植物搭配，阳台花园的自然意境油然而生。

「B」「C」小件家具的辅助，让阳台更具休闲感。

Idea 147

花架收纳，提升阳台美感

在阳台摆放一个多层花架，花架除了可以摆放花盆，也可以摆放一些其他物品，在增加收纳空间的同时也提升了整个阳台的美感。

榻榻米的整理收纳

超大收纳空间 + 提升整体感

掌 上 阅 读
榻 榻 米 收 纳

　　榻榻米内部空间很大，所以多用于存放一些过季衣物、被褥，还有一些生活中不经常使用的闲置物品。规划收纳时，可以利用收纳筐、收纳篮或收纳格子做好内部分区，将使用率不高的物品放在里面，这样可以提高收纳效率。

148-1

148-2

「A」用开放的格子收纳物品，需要将物品摆放整齐。

「B」高柜的收纳分区需依据业主的生活习惯。

Idea 148

开放的格子实现装饰与收纳双效功能

在榻榻米的一侧设计开放的格子，用来收纳一些日常读物或展示一些业主钟意的小摆件，做到装饰与收纳两不误。

149

Idea 149

组合型收纳，双效合一

榻榻米与定制的高柜结合，既扩大了收纳空间，又提升了装修性；规划收纳时，可以将利用率高的物品放在高柜中，不经常使用的物品放在榻榻米下方。

「A」开放的格子用来陈列一些画品或饰品，能让整个空间的艺术感得到提升。

「B」编织的收纳篮，外形美观，用来收纳零散的物品，再合适不过了。

Idea 150

抽屉让榻榻米的收纳更加得心应手

榻榻米的收纳常属于家庭收纳的公共区域，将榻榻米的底部设计成抽屉，方便物品的拿取与存放，同时，还可以搭配抽屉分类格，使收纳更加得心应手。

「A」抽屉的容积很大，最好搭配收纳箱使用。

「B」搁板上可以根据业主喜好摆放一些物品。

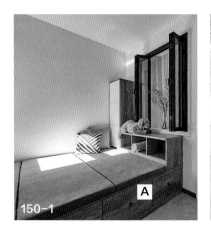

150-1

150-2

「A」运用搁板上的装饰物品提升空间美感，做到收纳与展示两不误。

「B」飘窗底部的空间可以用来收纳替换的抱枕或窗帘。

「A」书桌上方的位置用来摆放图书或文件，触手可及的收纳才最理想。

「B」榻榻米空间较大，配合收纳袋来收纳物品，可以使日后的拿取更便利。

Idea **151**

定制式收纳，让空间更整洁、利落

榻榻米、整墙的高柜、飘窗，三者结合在一起，既打造出一个难得的休闲场所，还为居家生活提供了更多的收纳空间，让整个空间显得更加整洁、利落。

Idea **152**

依靠小件收纳工具，实现物品分类归放并提升整洁度

开放式柜体可以搭配一些文件盒、资料盒来收纳一些零散的学习用品，减少因开放式的陈列方式而带来的杂乱感，让整个空间的视感更整齐；封闭的柜体结合榻榻米内部空间则可以搭配收纳篮、收纳袋实现物品的分类归放。

Idea 153

高低错落的布局，让收纳更合理

榻榻米与柜子结合的收纳，可形成高低错落的理想布局，高处作为收纳的公共区域，可用于存放闲置物品，低处则可以用于个人收纳，方便拿取。

Idea 154

全屋定制榻榻米，让小房间拥有超大储藏空间

全屋定制榻榻米后，榻榻米的内部可以通过收纳格、收纳袋、收纳箱等协助分类、分区收纳，整体规划依物品的使用频率来确定。

153

154

飘窗的整理收纳

底部收纳 + 侧面收纳 + 围合式收纳

　　倚窗远眺、品茶聊天、阅读冥想，飘窗几乎满足了人们对"诗与远方"的所有向往。其实飘窗还有着不可小觑的收纳功能，可以将飘窗底部做成抽屉柜，放置一些喜欢的书或者茶具等；或者借助飘窗侧面墙面的凹陷来做收纳柜或搁板；还可以利用飘窗周围的空间，直接打造一个收纳柜与抽屉的围合式收纳空间，以提升室内的收纳功能。

155

Idea 155

抽屉，降低收纳的难度

飘窗较宽时，可以将飘窗底部设计成推拉式的抽屉，这样即使是存放在最里面的物品，拿取也会十分方便。

「A」摆放书籍可以增添居室内的休闲氛围。

「B」抽屉的灵活性，是其他收纳工具不能媲美的。

Idea 156

组合高柜，让收纳更具有弹性

整个飘窗通过定制家具进行装饰，高柜与抽屉的组合收纳，可满足不同种类物品的收纳需求，有效提升了收纳功能弹性。

「A」通顶的柜子可以用于存放大件物品。

「B」走廊的收纳空间可以作为公共收纳区，分别存放不同家庭成员的物品。

「A」在陈列搁板上摆放一些照片或工艺品，记录并展现美好生活。

「B」抽屉与搁板的结合，让休闲区的收纳，有藏有露，节奏与层次都很合理。

Idea 157

开放式搁板，缓解空间压迫感

飘窗是家居生活中最不能辜负的休闲区域，在飘窗的一侧设置一个可用于收纳的搁板，既可以用来临时收纳一些图书或摆放一些装饰品，其开放式的搁板也不会使空间产生任何压迫感。

158

Idea 158

利用墙体结构，定制嵌入式收纳柜

利用窗台下部的结构特点定制收纳柜，收纳柜既具备飘窗的休闲功能，
又带有收纳空间；柜体深度适中，可用于收纳一些零散的小件物品。

「A」飘窗一侧的墙面柜
可以用来存放一些大件工
具或闲置物品。
「B」平开式的柜门，开关
方便。

159

Idea 159

转角式飘窗，可以将零散文具或玩具收纳其中

书柜与飘窗合而为一，飘窗除了可以用
于品茶聊天，其下方还可以搭配一些收
纳箱用来收纳零散的小件文具或儿童
玩具，让物品分门别类，方便收纳。

「A」飘窗下的空间并没有被浪费，而
是做成抽屉，方便存放物品。
「B」经常使用的文件和书籍，最好放
在触手可及的位置。

Idea **160**

封闭式收纳，提升空间的整洁度

飘窗底部设计成封闭且可推拉的抽屉，将生活中一些形状不一的物品收纳于此再合适不过了。

「A」柜子经过分区后，物品的存放更方便，日常整理也更加轻松。

「B」搁板用来摆放图书或饰品时需做到分类分区收纳，一目了然的分类，使室内的整洁度得到提升。

Idea **161**

飘窗的延伸设计，打造居室内更充足的收纳空间

全屋定制的收纳柜一直延续至飘窗，既保证了飘窗的休闲功能，又能为室内提供更加充足的收纳空间；定制的整体感与收纳的合理性结合在一起，使居室的整洁度得到极大的提升。

Idea **162**

搁板让飘窗的收纳具有展示效果

充分利用阳台的结构特点，在飘窗的两侧增设搁板，合理的分层可以实现多种物品的分类收纳与陈列展示。

地台的整理收纳

小件物品收纳 + 推拉抽屉 + 拿取方便

地台是生活中常见的装修设计,将紧贴地面的地台设计成推拉式的抽屉,空间既大又实用,其开关方式,也使物品拿取更方便。

163

Idea 163

可充当收纳柜的地台

利用地台规划出一个休闲区域,提升日常生活的丰富性,还能利用地台底部的空间来满足该区域的收纳需求,用于收纳一些娱乐产品。

「A」放在抽屉里的物品,无论是放入还是拿取都很方便。

「B」地台的抽屉可以充当书架,收纳图书。

164-1

164-2

Idea 164

让每一件物品都有空间收纳

地台的覆盖面很大，为家居生活提供了充足的收纳空间，抽屉的推拉十分方便，再配以一些分装盒进行辅助，使生活中的每一件物品都有合适的空间收纳。

「A」搁板是室内装饰的亮点。

「B」高柜可以存放很多物品，如果设为公共收纳区，可以在收纳盒上粘贴说明标签，使整理与拿取更方便。

「A」对开门的柜子在开合时比较方便。

「B」抽屉中可以放置儿童的小件衣物，位置适中，方便儿童自己动手整理。

165

Idea 165

方便儿童动手收纳的地台式抽屉

地台式榻榻米也可以用于儿童房，同时在地台下方设立多个抽屉，可以用来收纳儿童的换洗衣服；抽屉使用灵活，同时具有高度优势，可以方便儿童自己动手收纳，以养成良好的生活习惯。

Idea 166

空间感与收纳功能的双效合一

地台既可以实现空间区域的划分，又能增强收纳功能，结合灯带，可以使空间感更突出。

「A」「B」柜子以及地台的抽屉可以用来存放被子及衣物，拿取方便，让空间更显整洁。

Idea 167

高柜与地台的组合型收纳

有别于榻榻米的高度，地台的高度一般不超过30cm，这样的设计兼顾了室内的空间感；地台的底部空间依旧可以用来存放一些杂物，需要时拿取也十分方便。

「A」搁板上摆放书籍，拿取方便。

「B」抽屉可以用来放置一些闲置物品，使用时最好搭配收纳箱或收纳篮辅助收纳。